小青蛙的
自我
疗愈

〔美〕梅贝尔·伊奎

(Maybell Eequay) 著

简里里 译

中信出版集团 | 北京

图书在版编目(CIP)数据

小青蛙的自我疗愈/(美)梅贝尔·伊奎著;简里里译. -- 北京:中信出版社, 2025.1. -- ISBN 978-7-5217-7065-0

Ⅰ. B84-49

中国国家版本馆CIP数据核字第2024R87H34号

THE LITTLE FROG'S GUIDE TO SELF-CARE by Maybell Eequay
Copyright © Maybell Eequay, 2023
First published by Octopus Publishing Group Ltd., 2023
An Hachette UK Company 2023 www.hachette.co.uk
This Chinese edition is arranged through Gending Rights Agency
(http://gending.online/)
Simplified Chinese translation copyright © 2025 by CITIC Press Corporation
ALL RIGHTS RESERVED
本书仅限中国大陆地区发行销售

小青蛙的自我疗愈
著者:[美]梅贝尔·伊奎
译者:简里里
出版发行:中信出版集团股份有限公司
（北京市朝阳区东三环北路27号嘉铭中心　邮编　100020）
承印者:北京联兴盛业印刷股份有限公司

开本:880mm×1230mm 1/32	印张:3.25	字数:4千字
版次:2025年1月第1版	印次:2025年1月第1次印刷	
京权图字:01-2024-6396	书号:ISBN 978-7-5217-7065-0	

定价:59.00元

版权所有·侵权必究
如有印刷、装订问题，本公司负责调换。
服务热线:400-600-8099
投稿邮箱:author@citicpub.com

献给妈妈和乔乔，
谢谢你们在艰难的时刻陪伴我，
谢谢你们总是帮我找到出路。
你们的爱与智慧将永远伴随我，
是我永恒的灵感源泉。

致我亲爱的德鲁，
没有你，这只小青蛙便不可能诞生。
我爱你，爱你，爱你。

目录

译者序/II

身处困境时如何自我疗愈/1

十句"自我肯定"唤醒你所拥有的美好/23

允许并鼓励自己在周围的世界中寻找美好/45

请记住这些/65

译者序
爱自己是一种可以练习，也需要练习的能力

很高兴收到编辑的邀约来翻译这本可爱的小书。

这本书读起来很简单，但它对于那些不会爱自己、深受内心困扰的读者，是必要的温柔有力的安抚。

心理咨询领域有很多因媒体大力传播而泛化的概念，比如"爱自己""接纳自己""关爱内在小孩""与原生家庭和解"，这些听起来非常正确又十分难以付诸实践的说法，在《小青蛙的自我疗愈》这本书中，被作者用非常轻盈、没有负担的方式讲了出来，并具象成了具体的行动方式。

比如，如果你懒得打扫整个房间，那么只是掸掸床单也很好；如果你没办法总是把自己的需求放在第一位，那么就给自己设定每天5分钟的独处时间。

允许自己每次只做一点点。

十几年前我初次接触冥想的时候，当时的老师告诉我，冥想不是什么抽象、复杂的概念，而是存在于你生活之中的具体行动：你不必要求自己做1小时冥想，但可以选择在感到紧张的时候，用1分钟

关注自己的呼吸,这样就能从中受益。这使我在之后的生活中,很容易去享受冥想、呼吸,以及生活中很多微小行动为我带来的益处,而不背负"成就"的负担。

我也很希望这本书为你带来同样的作用。

尤其是当你感到痛苦,觉得自己不够好,对于世界感到哀伤或愤怒的时候,我希望你不必一直去研读复杂的心理概念,以在头脑中获得逻辑上的推理和知识上的增长。我希望你能够给予自己一定的空间,让小青蛙这些轻柔的语句拥抱你。

在做"简单心理"App的这十年中,我和同事们有着不可思议的幸运,得以见证很多人从创伤中重建自我,见证他们的哭泣、悲伤,也见证他们内在不可磨灭的坚韧力量。这也让我更加确信,真正能够让人们愈合的是彼此给予的信任、善意和爱意。

《小青蛙的自我疗愈》正是这样一本充满爱意的书。希望无论何时,你都能从这本书中获得爱的滋养。常常为自己做一些小小的事情,奇迹就会发生。

简里里

"简单心理"App创始人兼CEO

国家二级心理咨询师

身处困境时
如何自我疗愈

如果做家务或者照顾自己
都让你感觉太繁重，
那就少做一点。

当我们身处痛苦之中时，
哪怕只是整理床铺这样简单的事情，
也会感觉像是个挑战。

这时候，我们既要给自己减轻一些压力，
也要让自己体验到
一些小小的成就感。

可以试试不把床整个铺好，
只是掸掸床单。

如果你的房间太乱,
让你心烦意乱,
试着从一件小事做起。

可以只扫一个房间的地板,
或者只擦一张桌子。
小小的成就感会聚沙成塔。

如果你的心理状态不佳,
尝试着一次只专注于一个小目标,
这样会让你感觉更好。

如果碗碟堆积如山,
但你没有精力去洗,

不妨先用洗洁精把它们泡上,
有精力了再去弄。

到那时候,
你就会发现容易很多。

当孤独感袭来，
试着给曾经给你带来积极影响的人写封信。

这个人可以是任何人：
你的亲戚、朋友、老师、同事，
或者一个已故的你爱的人。
（你想寄出就寄，但不必一定寄出。）

花些时间认真感谢你生活中的某个人，
这个简单的方法会为你的一天带来一点甜蜜和安慰。

亲爱的狗狗，

你给了我希望，我努力回报给你同等的爱和热情。

如果你想让自己的一天感觉更特别一点，
摘些花，摆在花瓶里，
或者泡个热水澡，在水里撒些花瓣。

如果你想和你的身体建立更好的关系，
试着感谢它。

感谢你经常使用的身体部位，
以及你总感到不满的部位。

你也可以给自己一个
小小的拥抱。

如果你想和你的心灵建立更好的关系,
试着调整你和自我对话的方式。

哪怕一开始你觉得别扭,
或者有点做作。

渐渐地,
你会发现你对待自己的方式在发生改变。

同时,
你能接受的他人对待你的方式也在改变。

如果你不知道如何善待自己,
试着对你的内在小孩表达爱和关照。

有时候,
人们很难对"现在的我"
心怀爱意和关心,

却更容易关爱
那个"小小的我"。

如果你想更深入地探索自我，
试着写一封信
给身处痛苦之中的你，
以表达你的爱意。

想象一下：
如果那时的你读到这封信，
会说什么？
这种与自我联结的方式非常有力量。

致12岁的我，

　　我很爱你。我知道学校里有小青蛙欺负你，我很难过，你不应该被这么对待。我想给你一个大大的拥抱。

　　　　　爱你的，

　　　　　　年长的你

如果你没办法总是将自己放在第一位,
试着每天给自己
留出至少5分钟的"独处时间"。

你甚至可以重新安排你的日常事务,
比如喝咖啡、喝茶、护肤、读几页书,
或者在户外发呆。

如果不带手机就更好了。

十句"自我肯定"
唤醒你所拥有的美好

如果你正在构建与自我的关系,
渴望调整与自我对话的方式,
那么就从自我肯定开始吧。

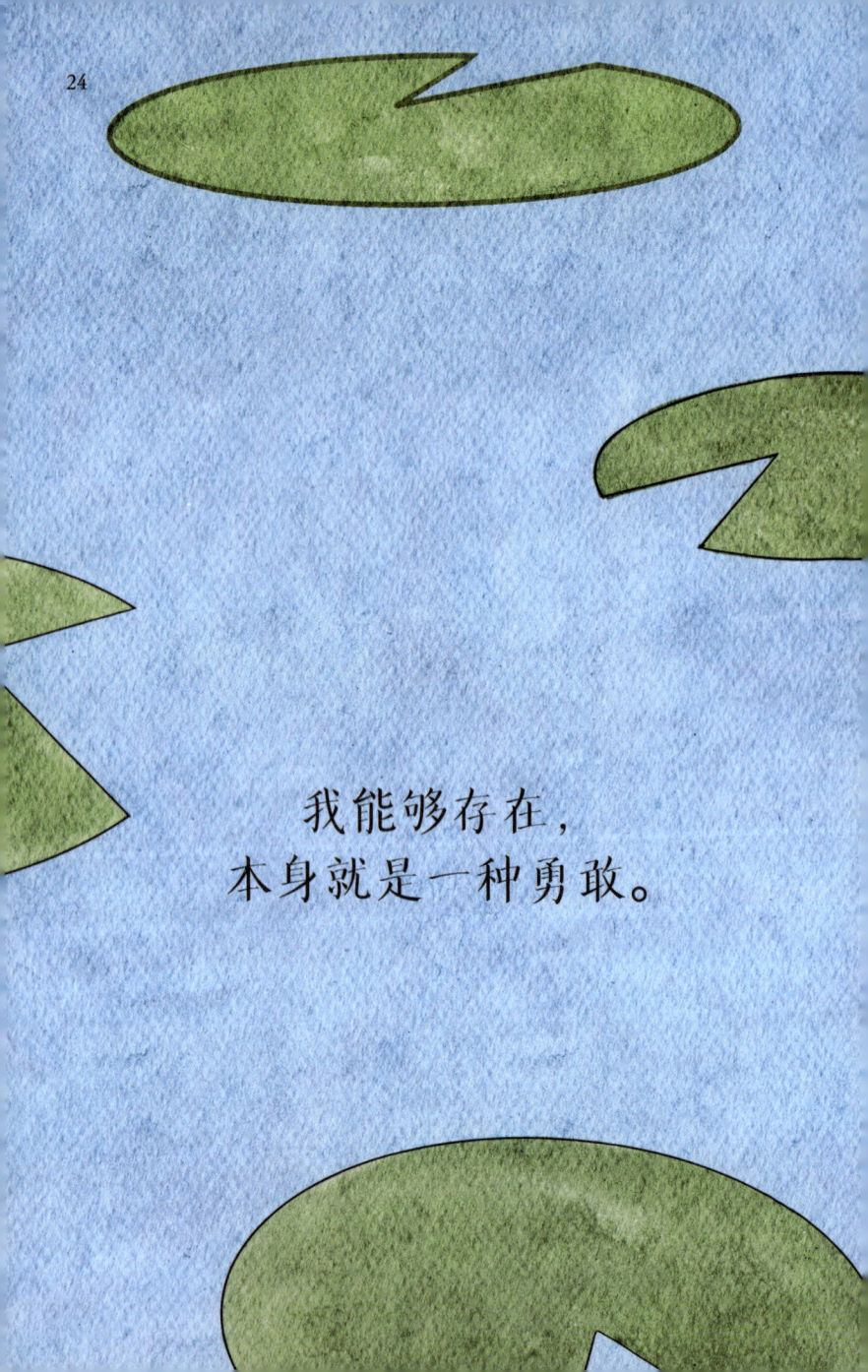

我能够存在，
本身就是一种勇敢。

我要对自己更好一点。

我和其他人一样
值得拥有自己的梦想。

29

我的身体
一直在为我努力。

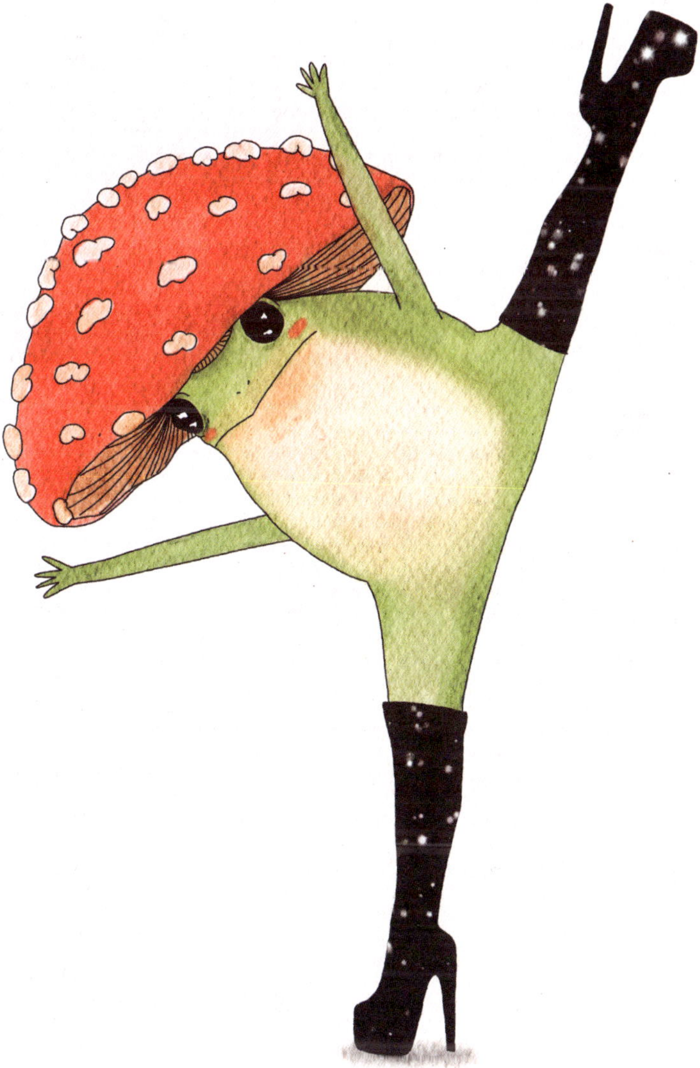

当我准备好迎接奇迹时，
奇迹就会发生。

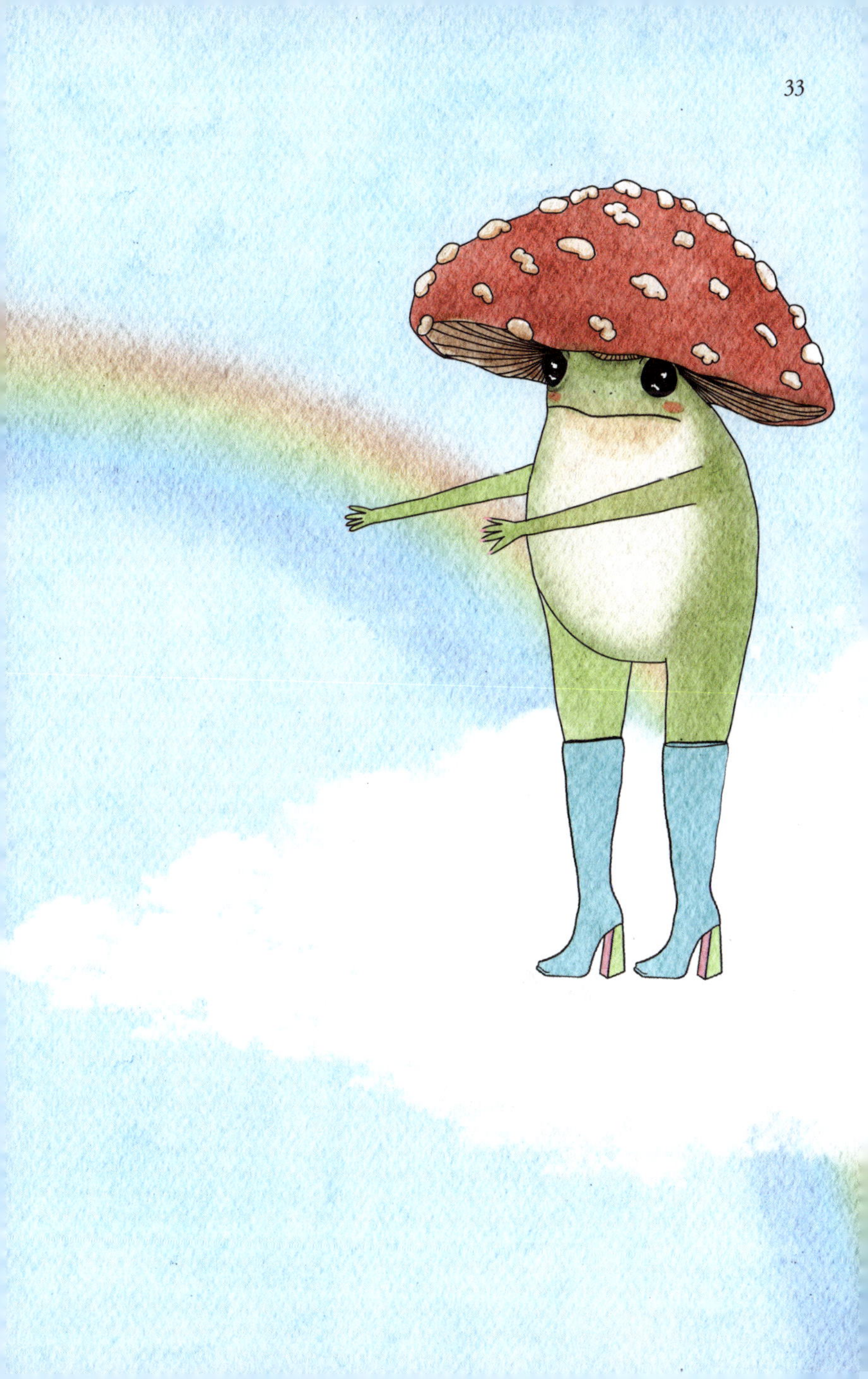

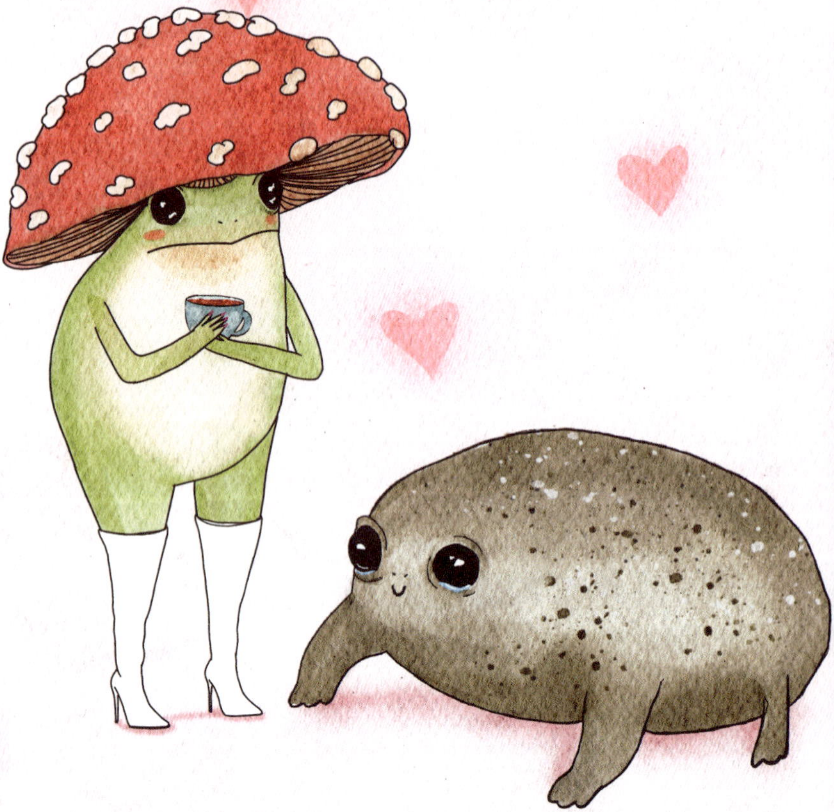

我值得拥有安全感和
健康的关系。

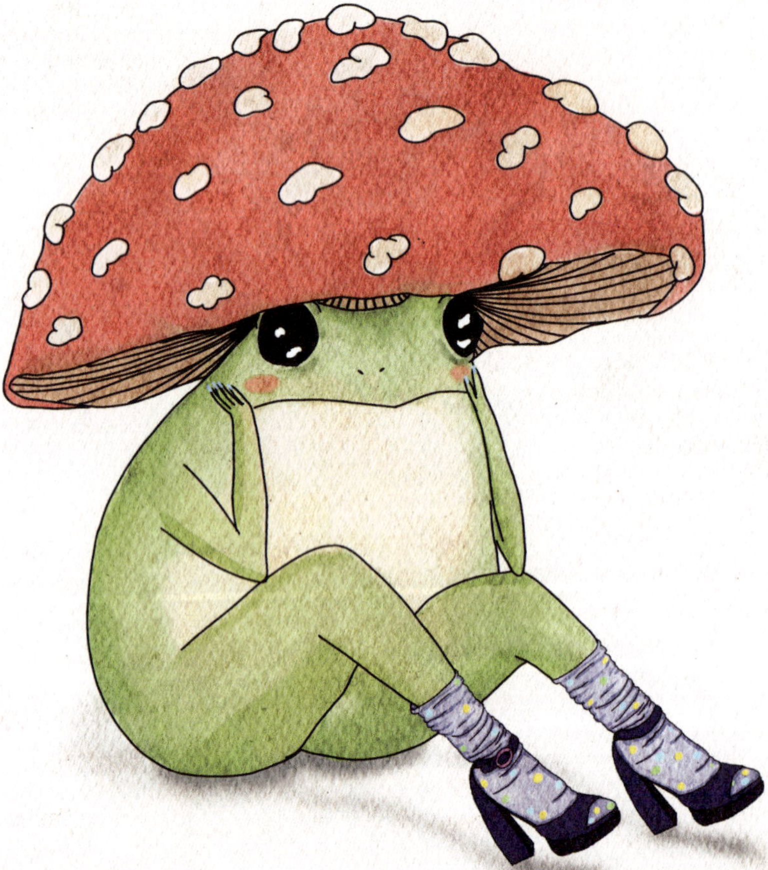

我可以感受流经我内心的情绪，
　也可以在准备好的时候，
　　让它们流走。

我会温柔地对待自己。

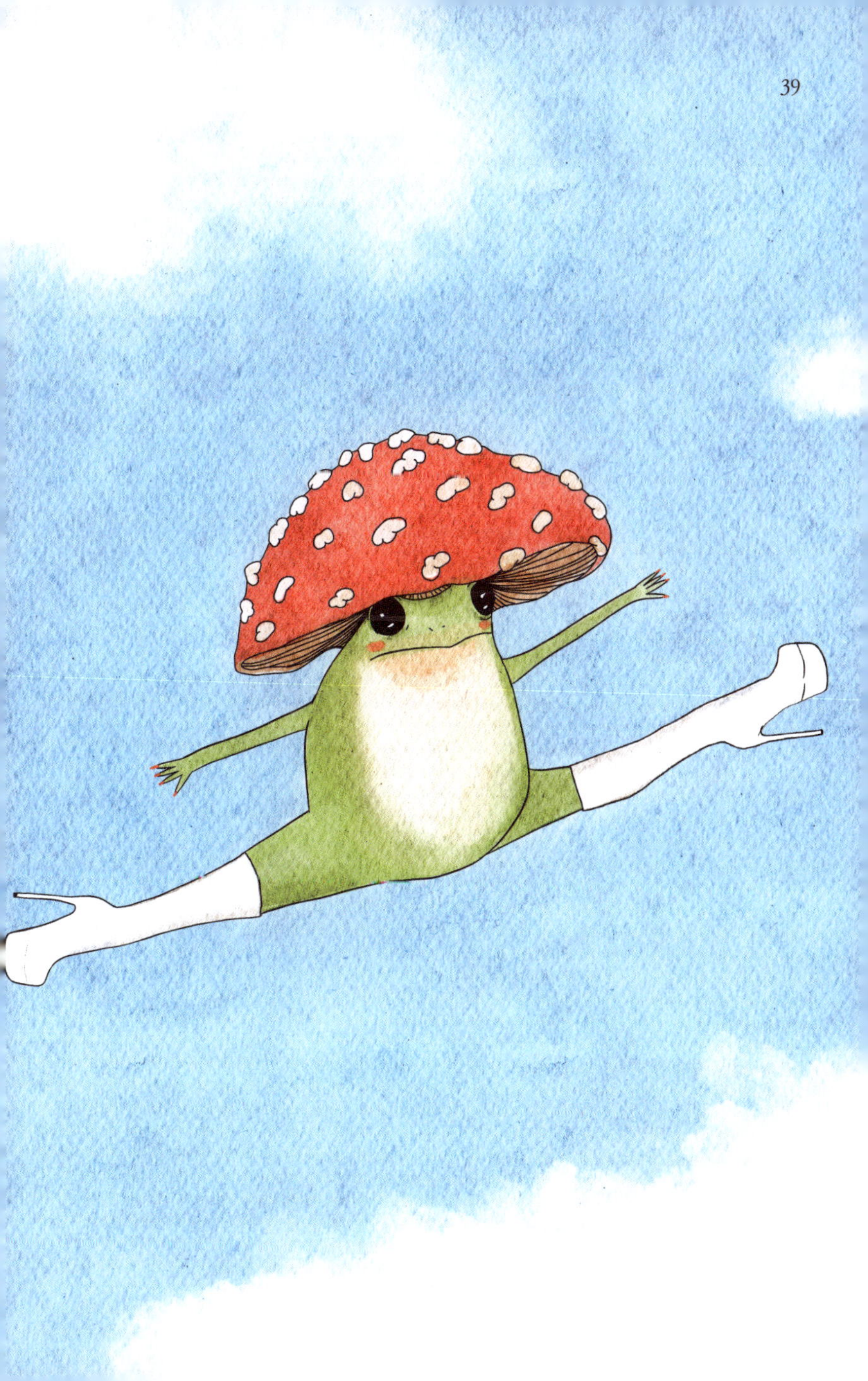

我受过伤，
但我依旧可爱动人。

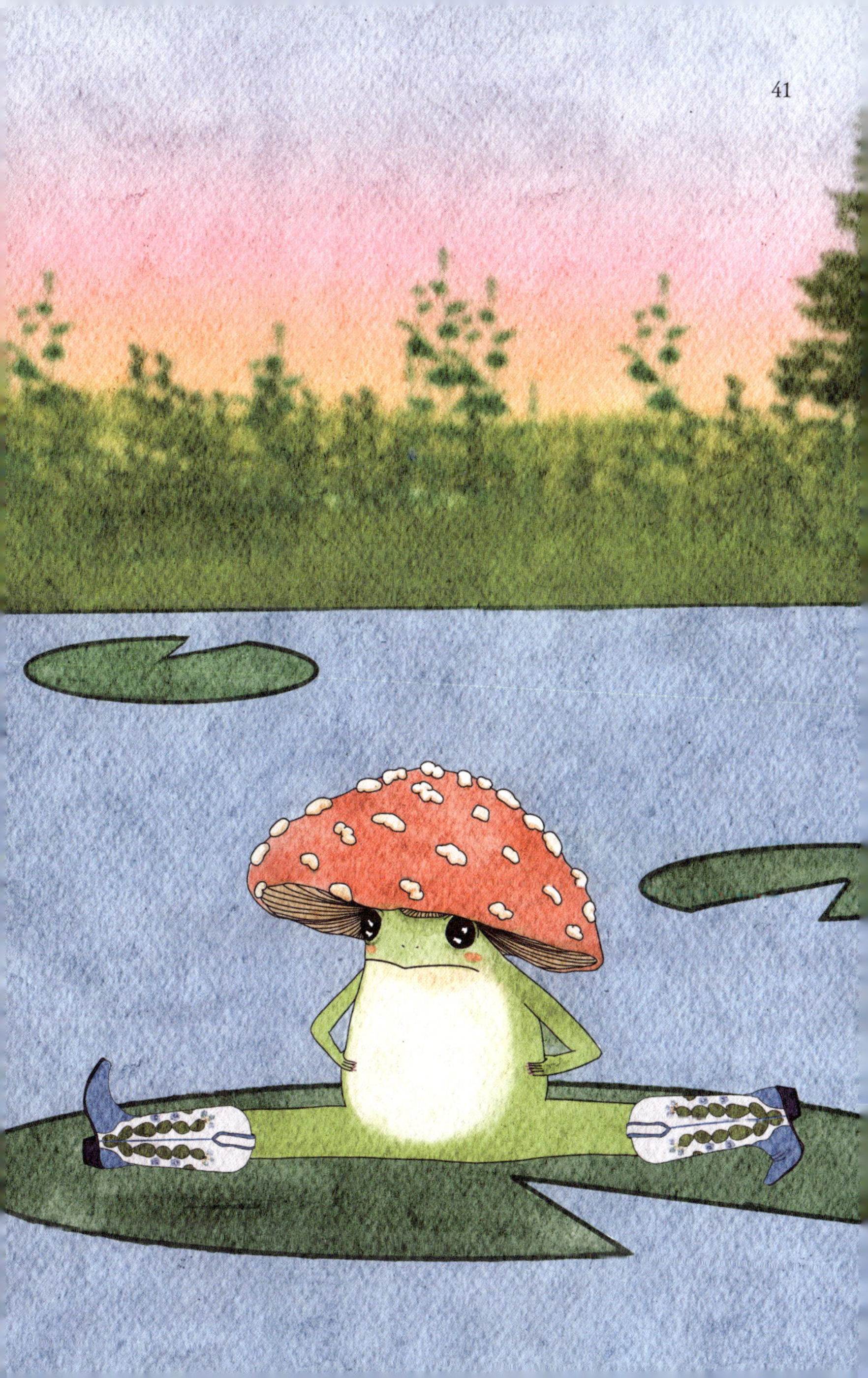

我会像对待我最好的朋友
那样对待自己。

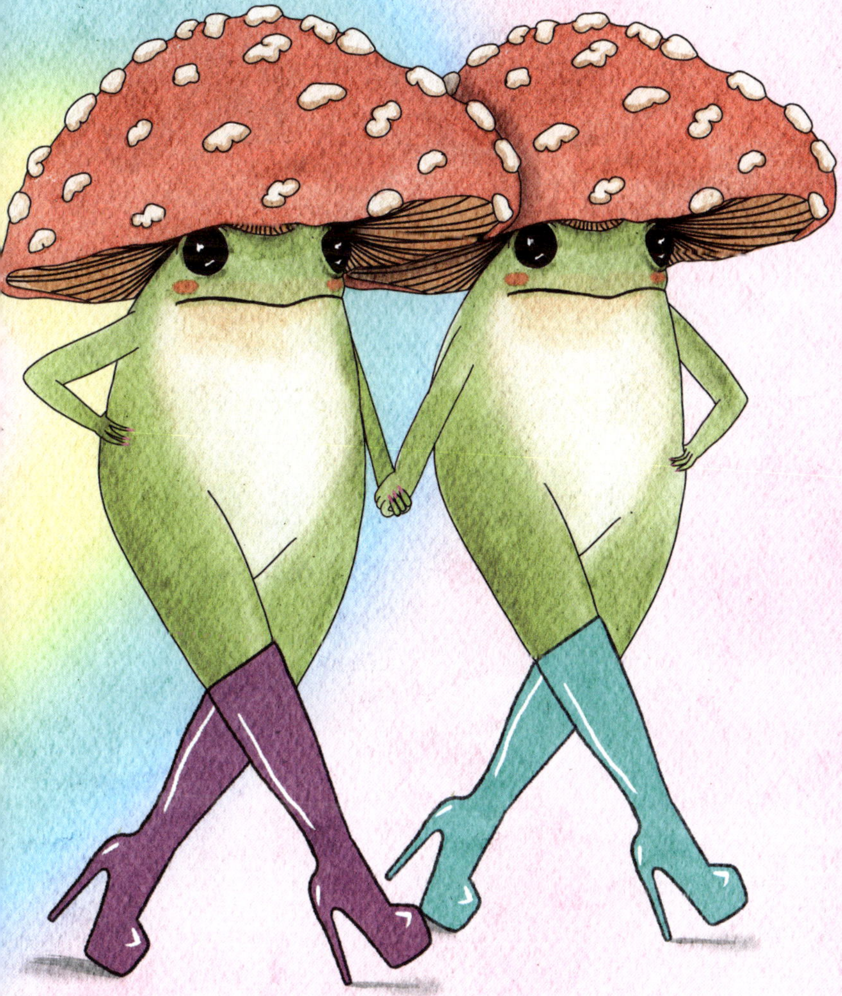

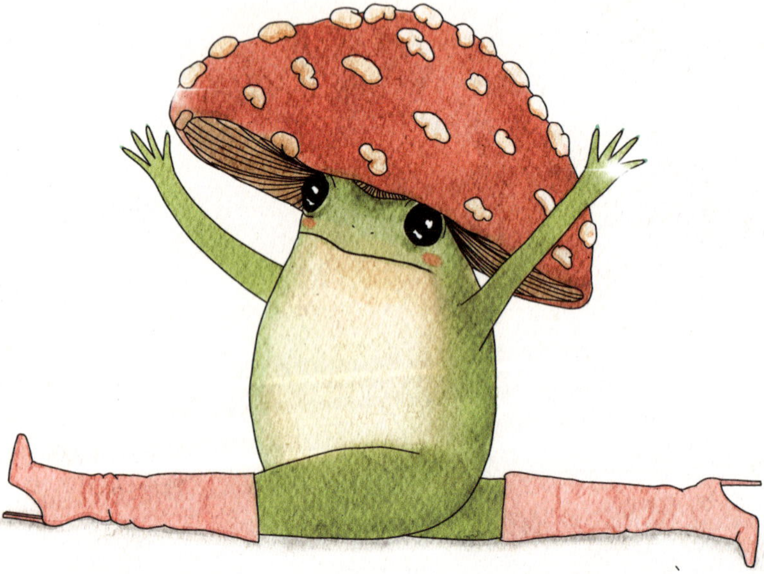

允许并鼓励自己
在周围的世界中
寻找美好

在纷扰的世事里,
你很容易忘记那些
令世界如此特别的小事。

每时每刻都有着细微的美好,
尽力去发现这些美好,
就能改变你看待世界的方式。

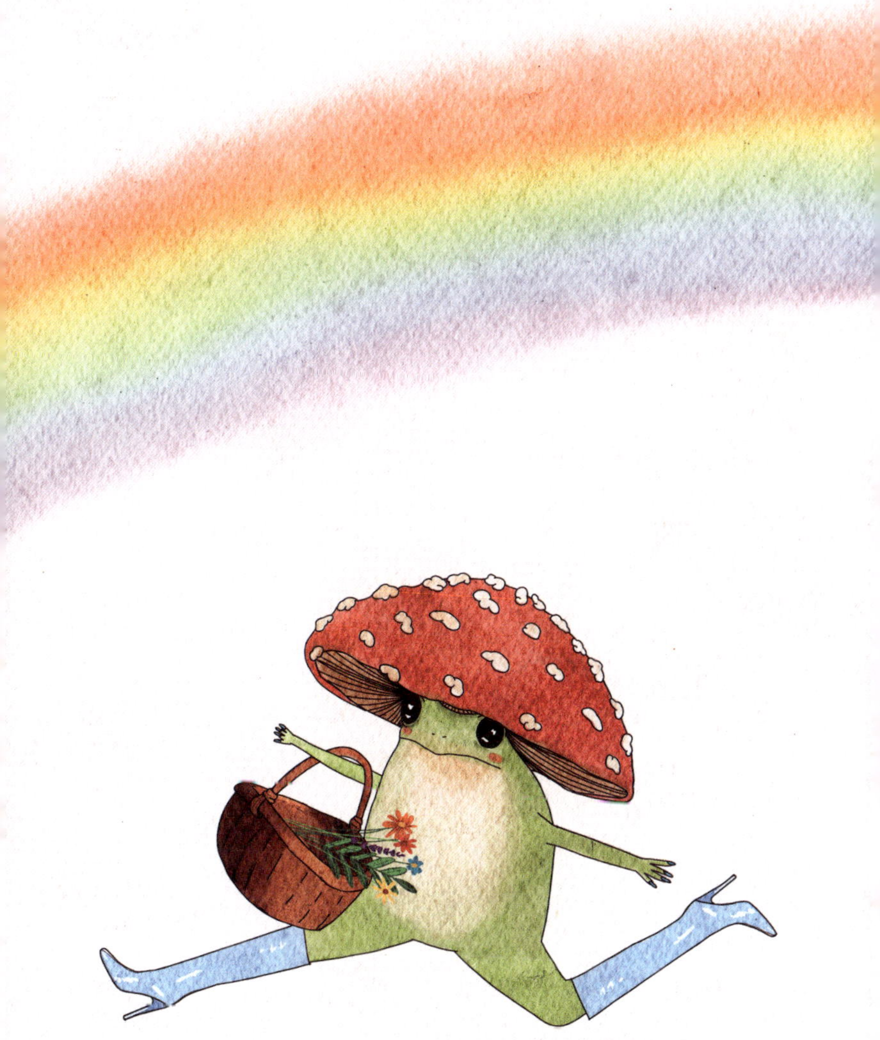

你有没有坐下来静静地欣赏过一座花园？

观察的时间越长，
就会看到越多的生命。

微小而复杂的世界会在你面前徐徐展开，
然后你会发现，

这座花园从未像现在
这般充满生命力。

"噢,我之前都不知道
你住在这儿。"

"你好!"

如果你带着好奇和惊叹去观察，
寻常之物也会变得非凡。

"这里居然有松果!"

我们居然和萤火虫生活在同一个世界上!
单这一点就值得庆祝。

53

"你是好狗狗。"

"……我是猫。"

你有没有想过,
动物能成为我们的好伙伴
是多么奇妙的事!

尽管动物不会说话,
但是我们依然能找到彼此沟通的办法,

甚至还能和它们建立起
比人类之间还深刻的联结。

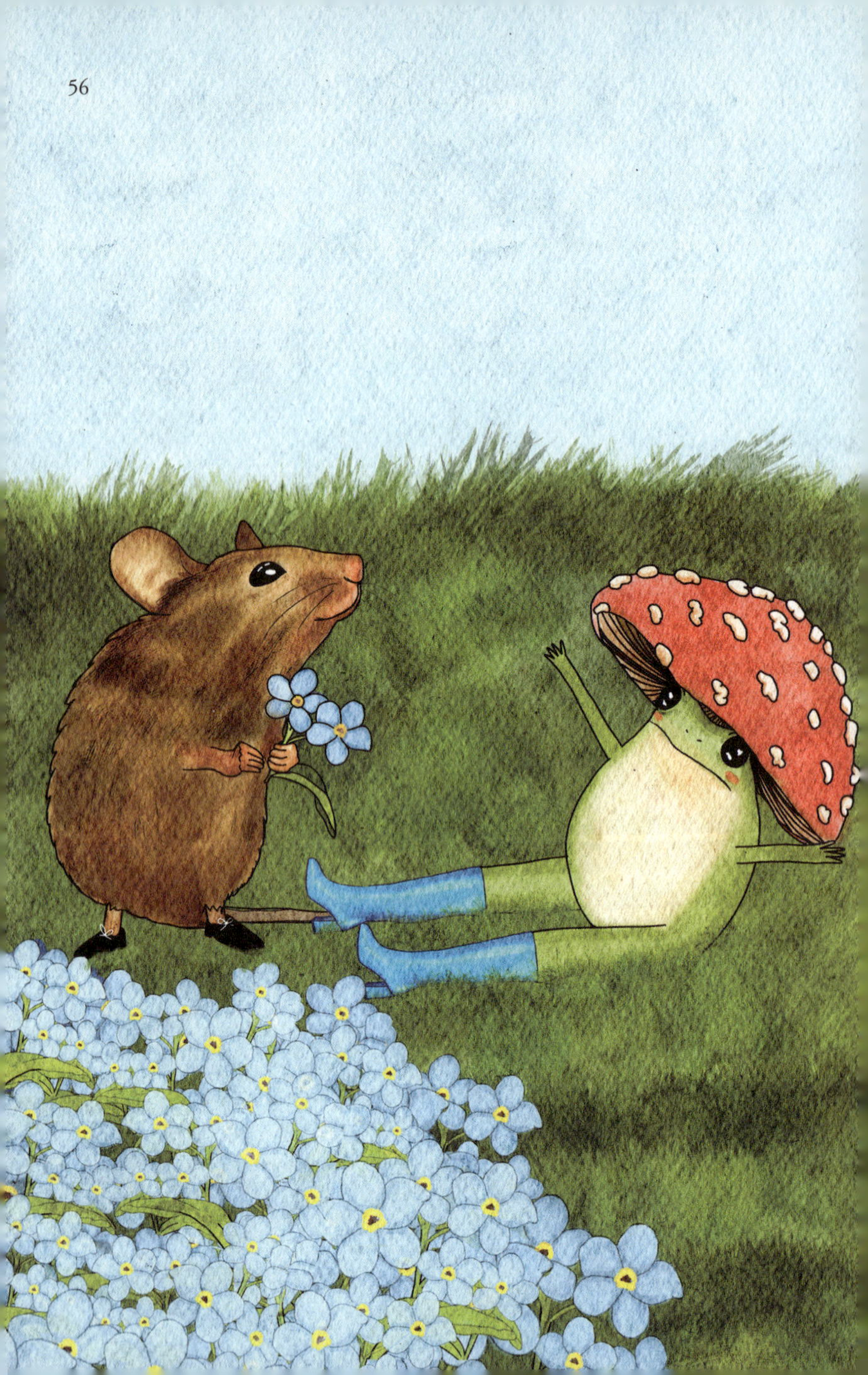

随着我们长大，对世界的认知逐渐定型。

我们很容易不再对世界感到好奇。
为什么有的叶子是绿色的，有的却是紫色或红色的？
蜗牛生来就带壳吗？
为什么有些花朵只在夜间绽放？

当然，
从互联网上获得答案只需几秒，
但是先让自己去思考这些问题，
能够帮助你保持好奇，
甚至能够激励你开始探索一个全新的领域。

尝试在每个季节里
找到你喜爱和期待的部分。

比如秋天空气的味道，
冬天放松和向内探索的机会。

又如春天万物复苏的景象，
或夏天蓬勃的生机和活力。

　　　　　找到自己的方式去拥抱四季，
　　　　让自己任何时候都能感受到美好，
　　　　　　　哪怕只是微小的美好。

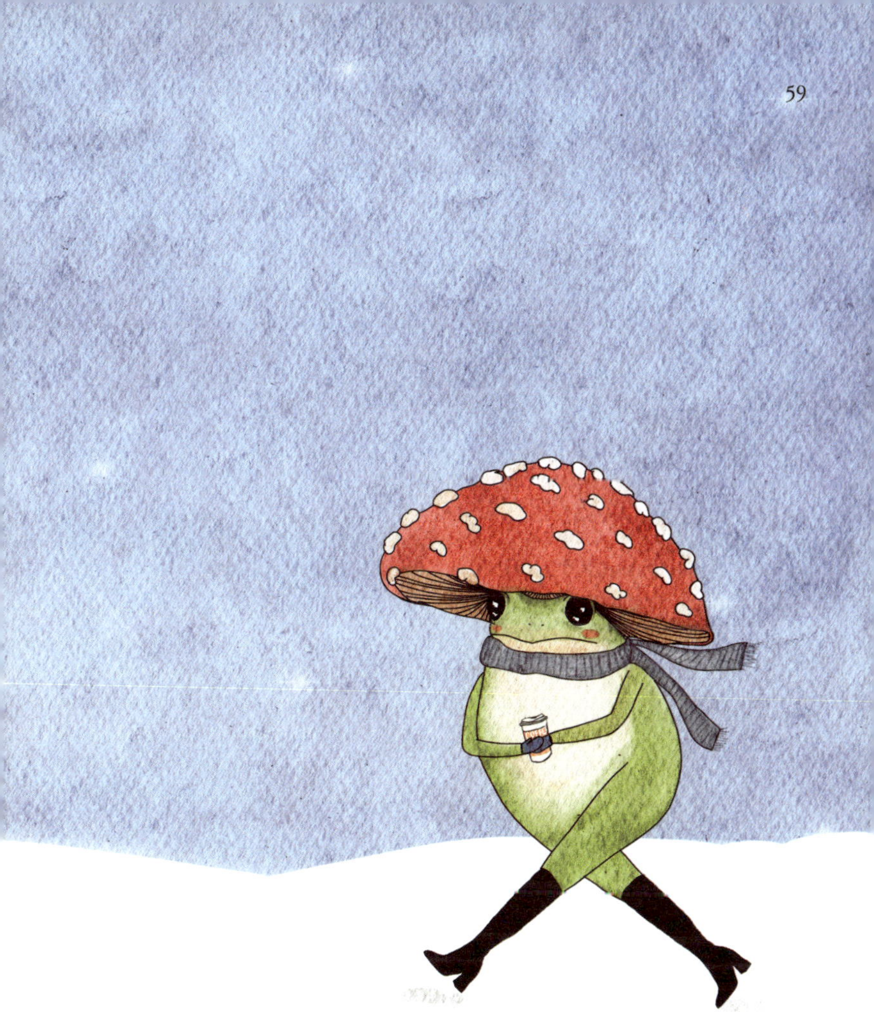

试着走到户外，
只关注自己当下的感受。

你听到了什么？
看到了什么？
空气中是什么味道？
你感受到了什么？
你感觉如何？

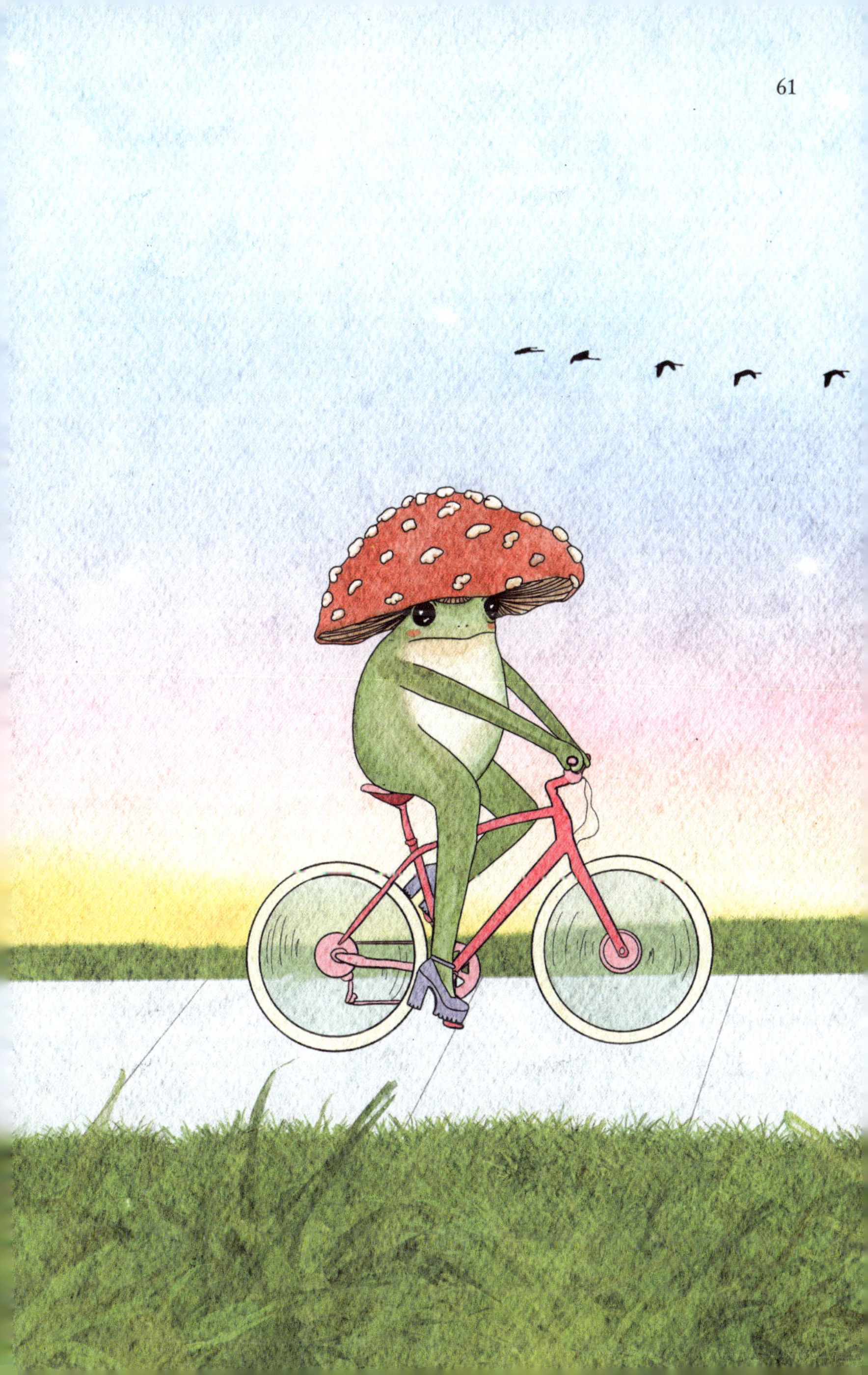

让自己从细微之处寻找美好,
是你与世界最甜蜜的对话。

只要你用心寻找,
美好自会浮现。

63

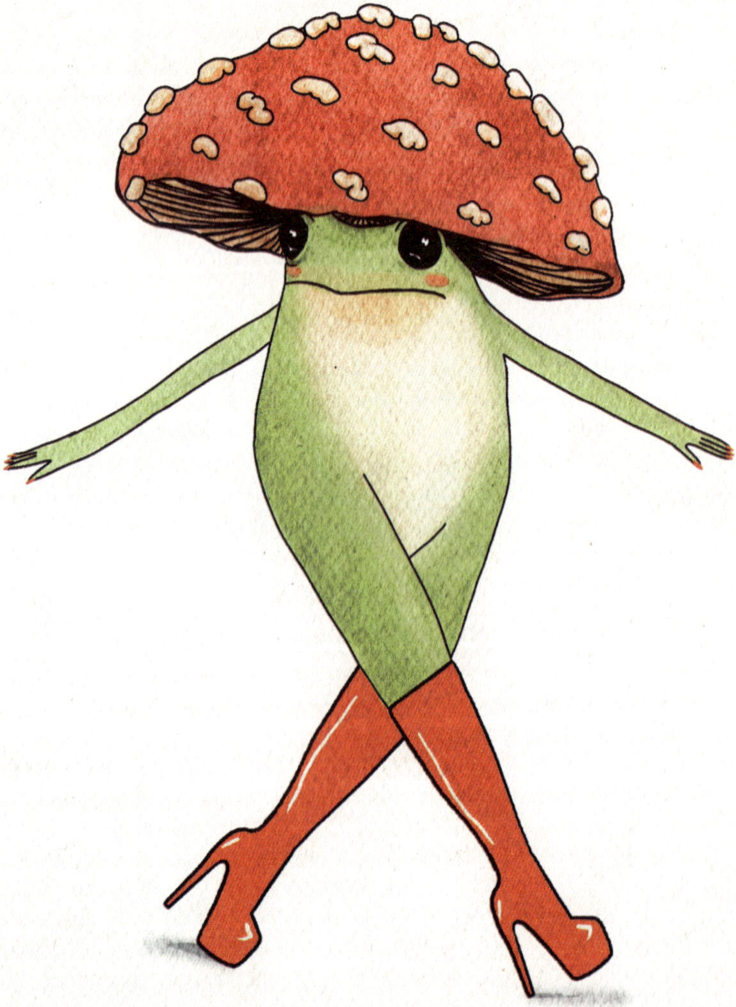

请记住这些

所有的情绪都有意义：
难过、愤怒、哀伤、快乐、惊喜、平静……

尽管有些情绪不那么令人愉悦，
但并不意味着它们是不好的。

人的一生注定要体验各种各样的情绪。
情绪是流动的，来来去去。

痛苦终会过去，
尽管当时你很难相信这一点。

67

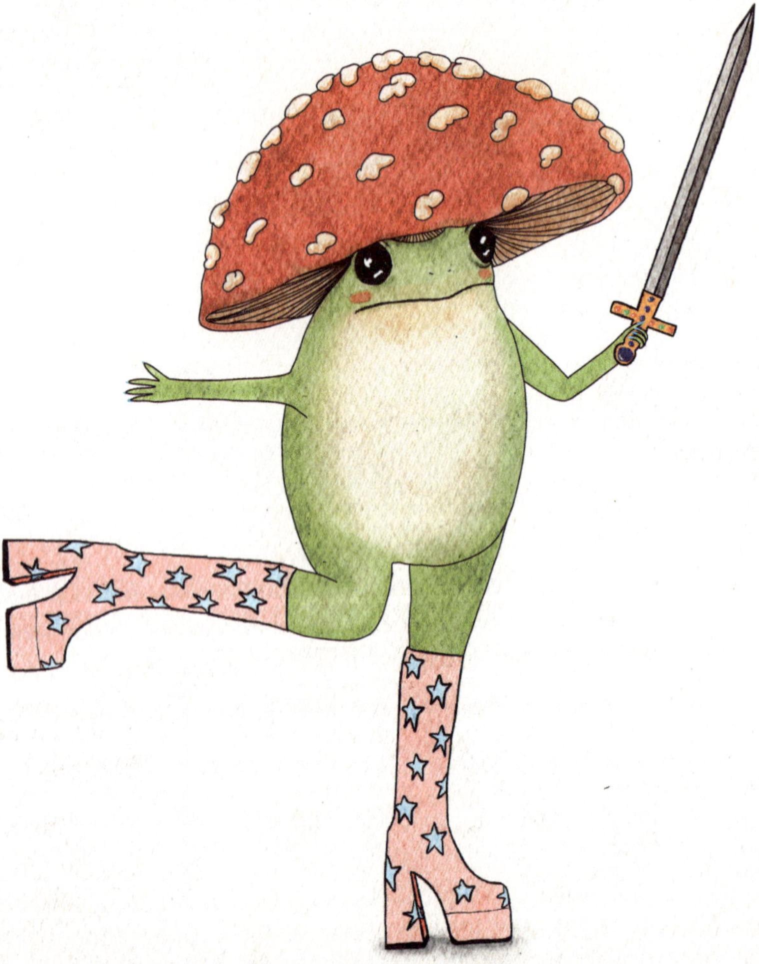

你的进步不会
因为一点挫折而黯然失色。

实际上，如何生活并无标准答案。

你身边的每个人
都在边走边摸索。

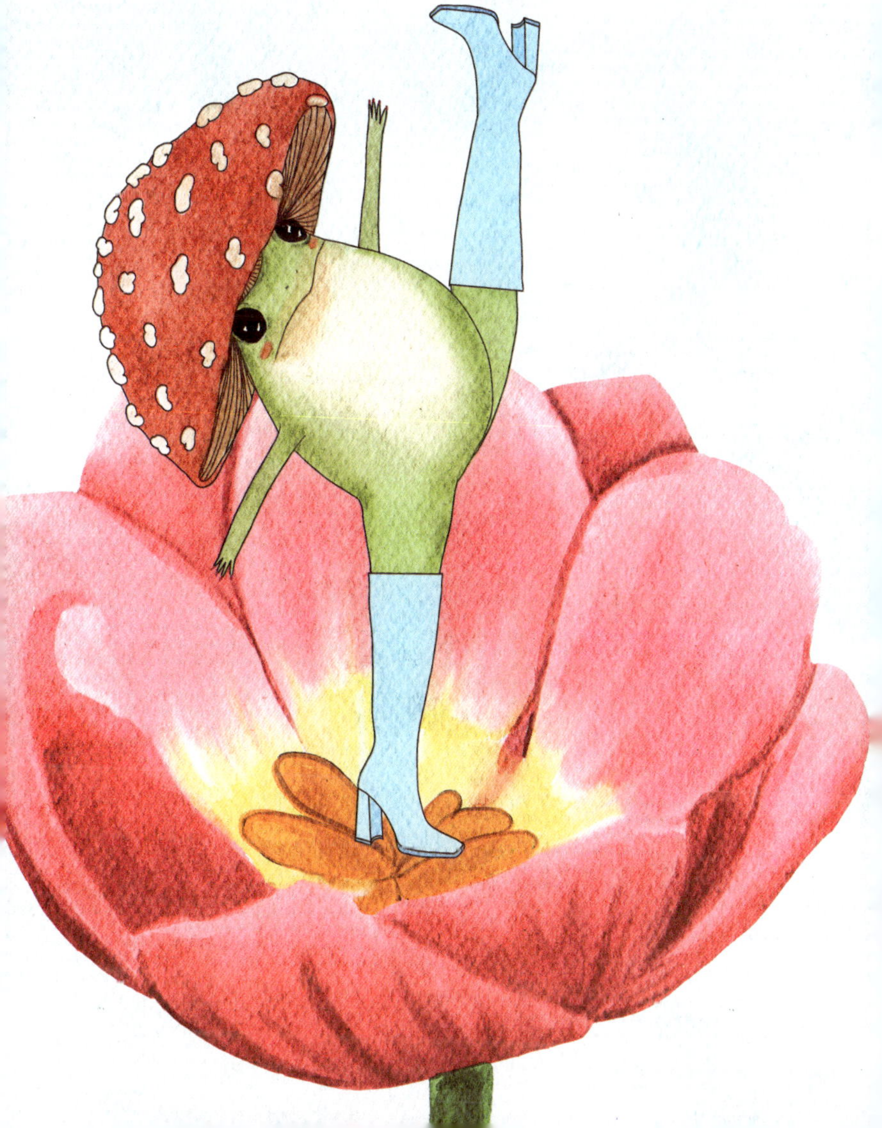

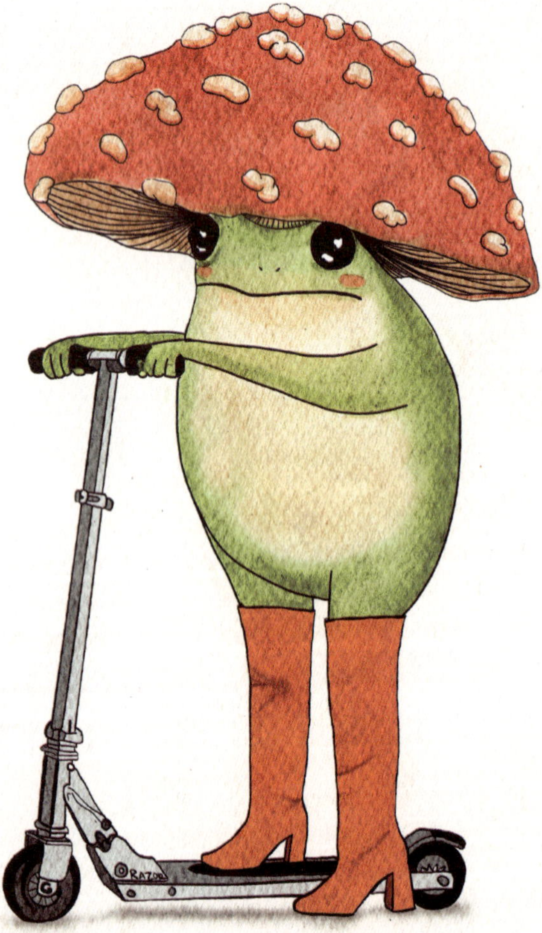

每个人都有自己的节奏。

没有任何规则规定在
某个年纪时应当做什么事。

你的想法不一定是事实。

焦虑、抑郁和不安等情绪
会以很多方式
影响我们的想法。

重要的是,
你要记住,仅仅因为我们这样想,
不意味着这就是事实。

75

疗愈的过程大多充满坎坷。

你曾以为已经痊愈的伤痛,

也可以再次为之哭泣。

77

对那些

并未接受你已成长的人，

不必变回以前的自己

来取悦他们。

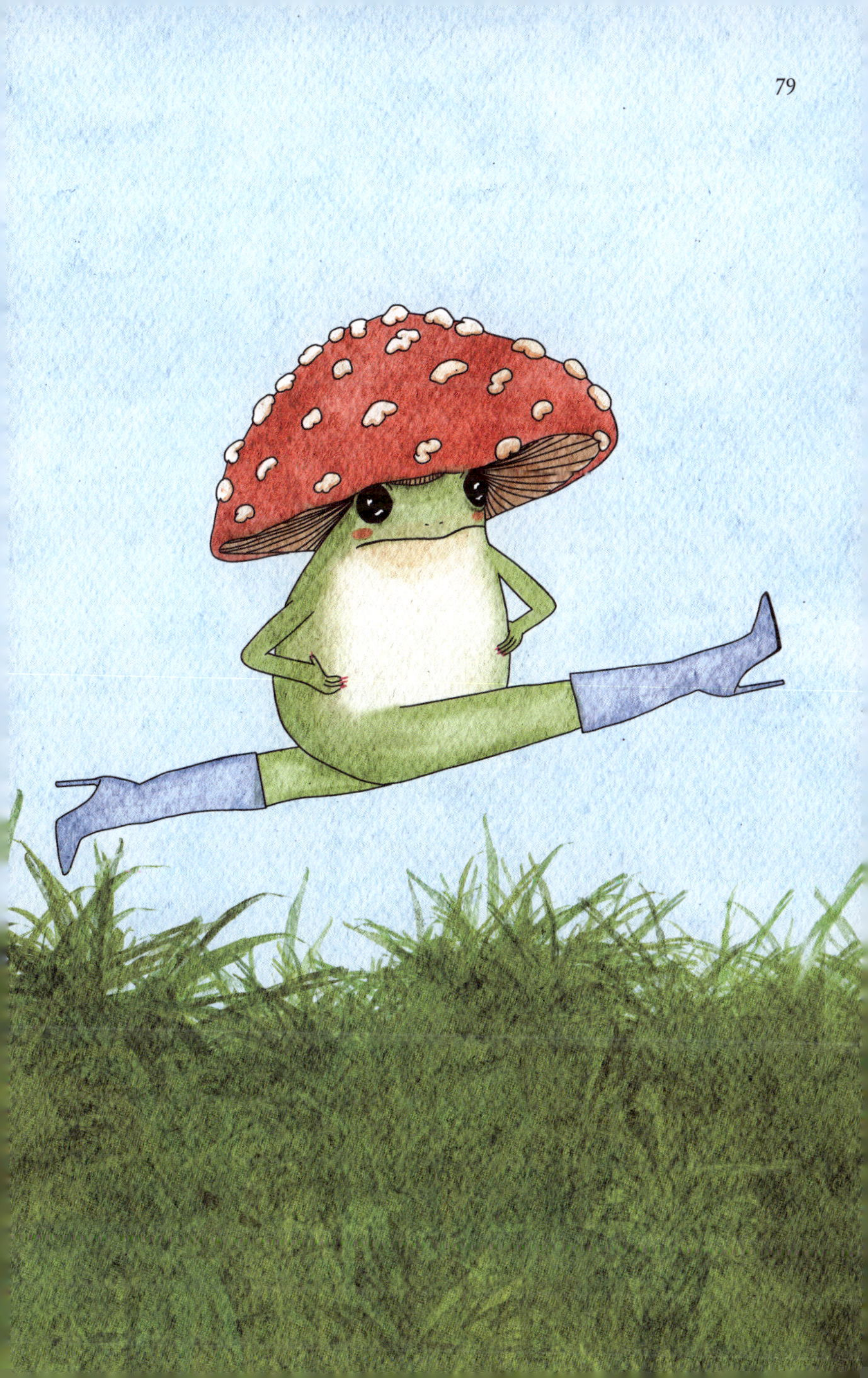

你为自己选择的家人，
就是你真正的家人。

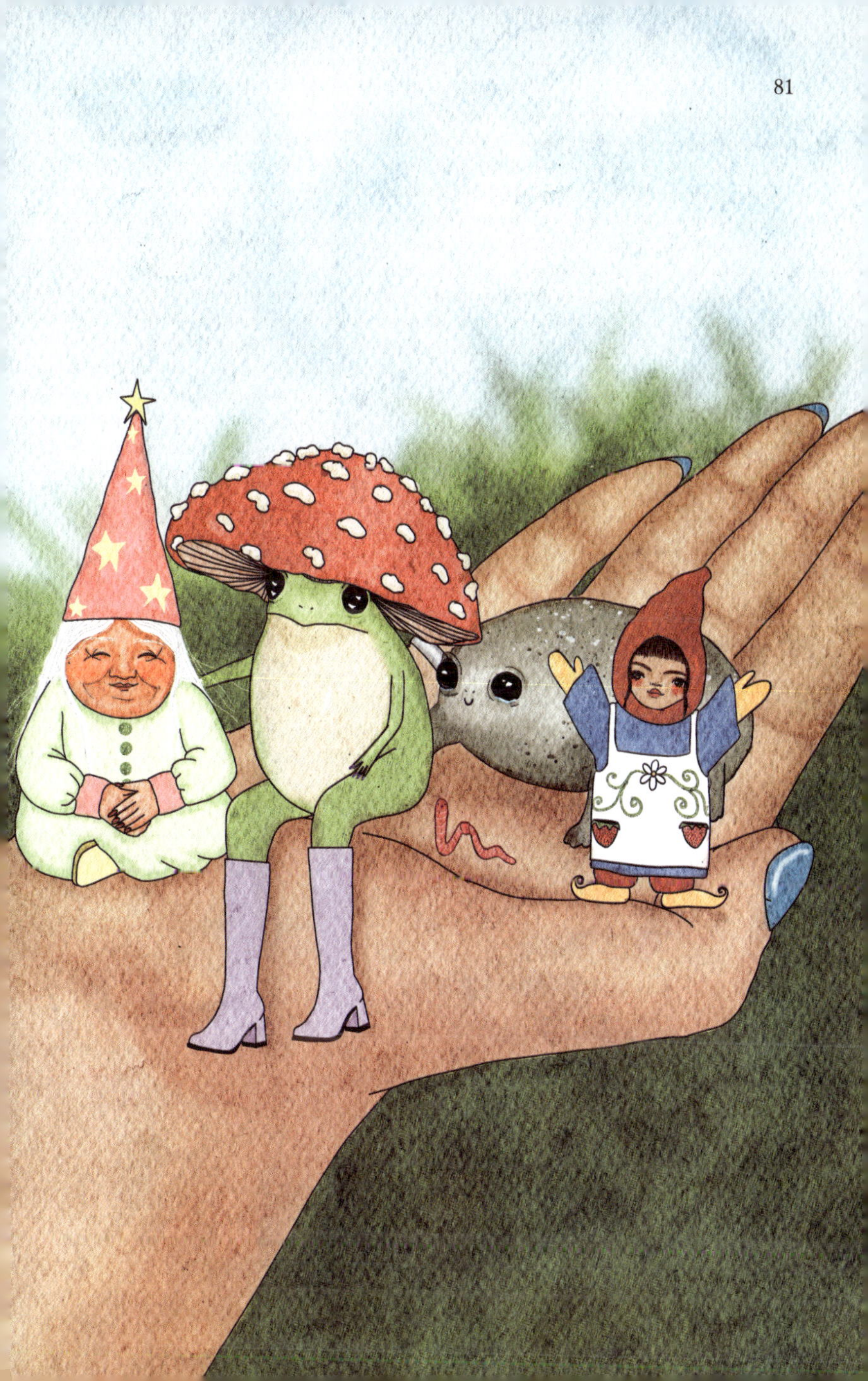

只有你能让自己
成为你想成为的人。

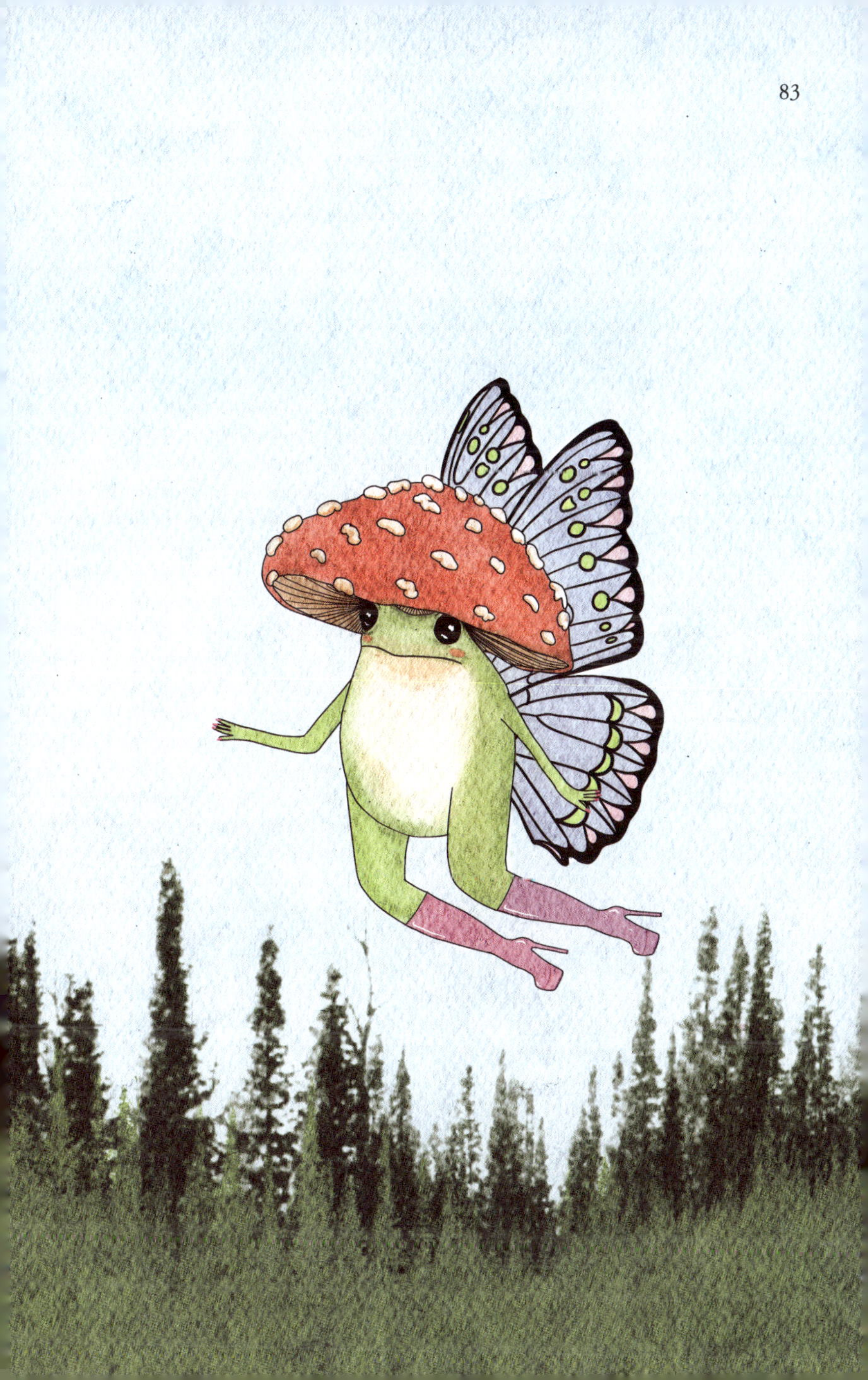

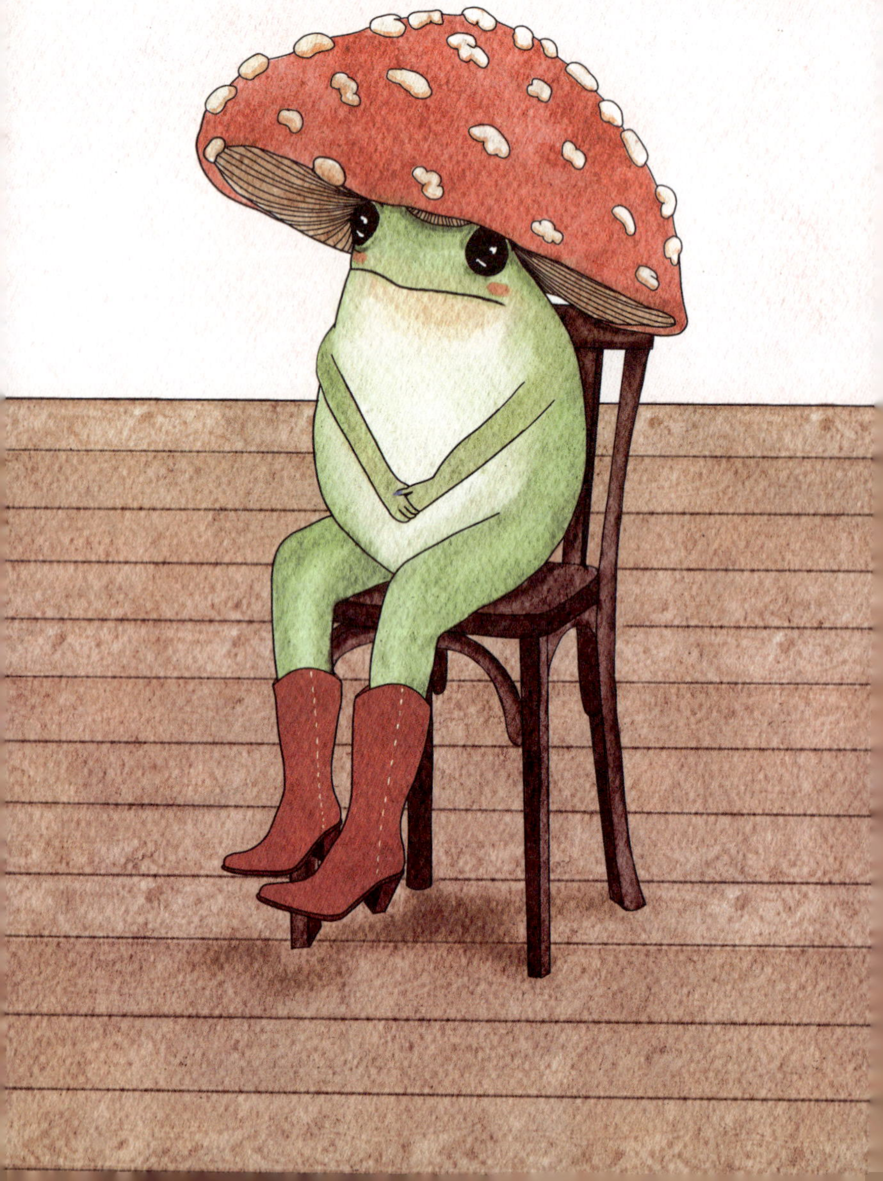

　　　　　　这个世界大事、难事时有发生，

　　　　　我们或许也会面临个人的困境。

但重要的是，
你要谨记：你并不孤单，
感觉不安也没关系。

即使身处困境，
也要知道
你内心深处存在着不可小觑的力量。

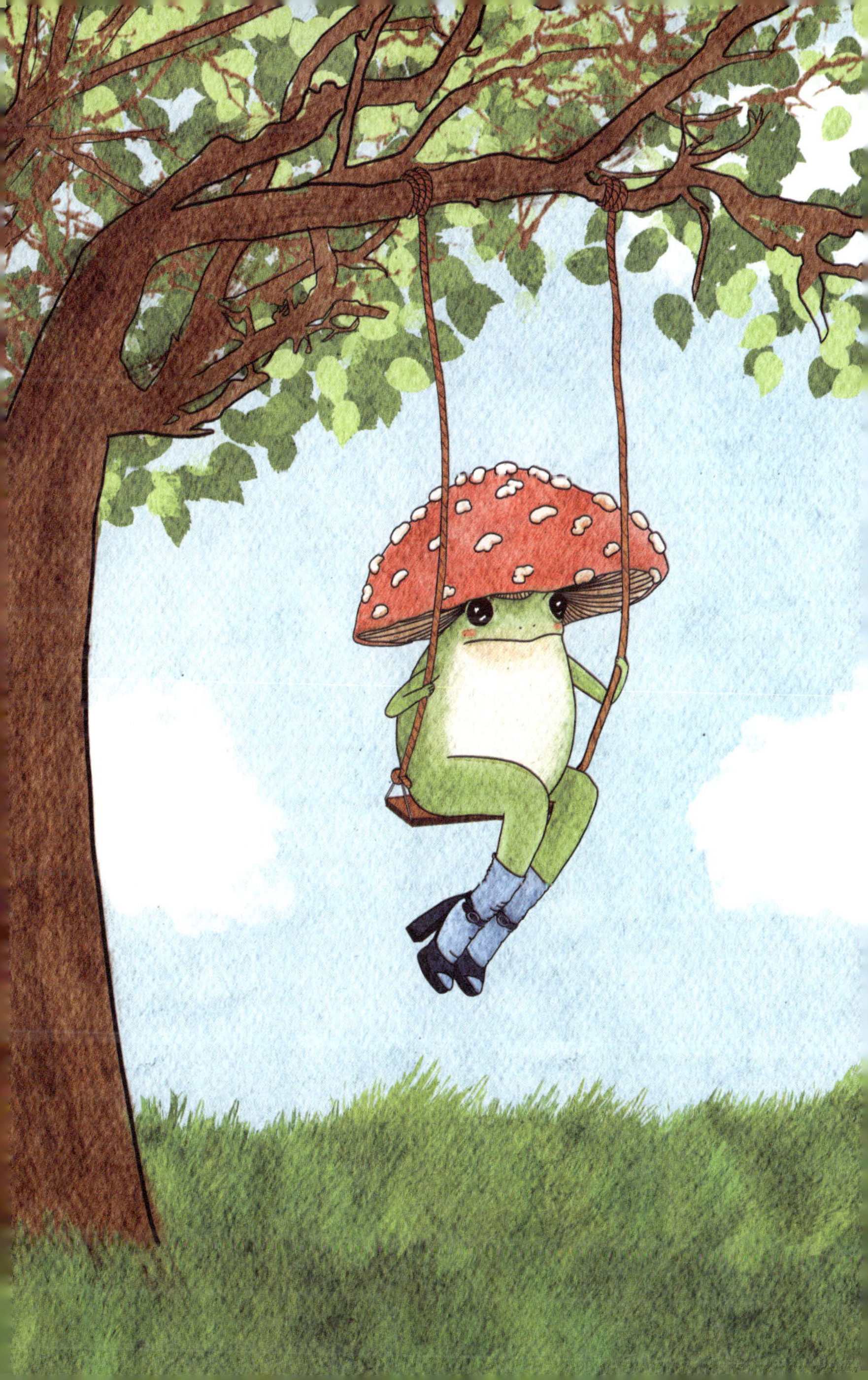

最终，
我们不过是一群小青蛙，共同飘荡在宇宙中。

我们努力让彼此感觉不那么孤单，
让共处的时光
多一点特别。

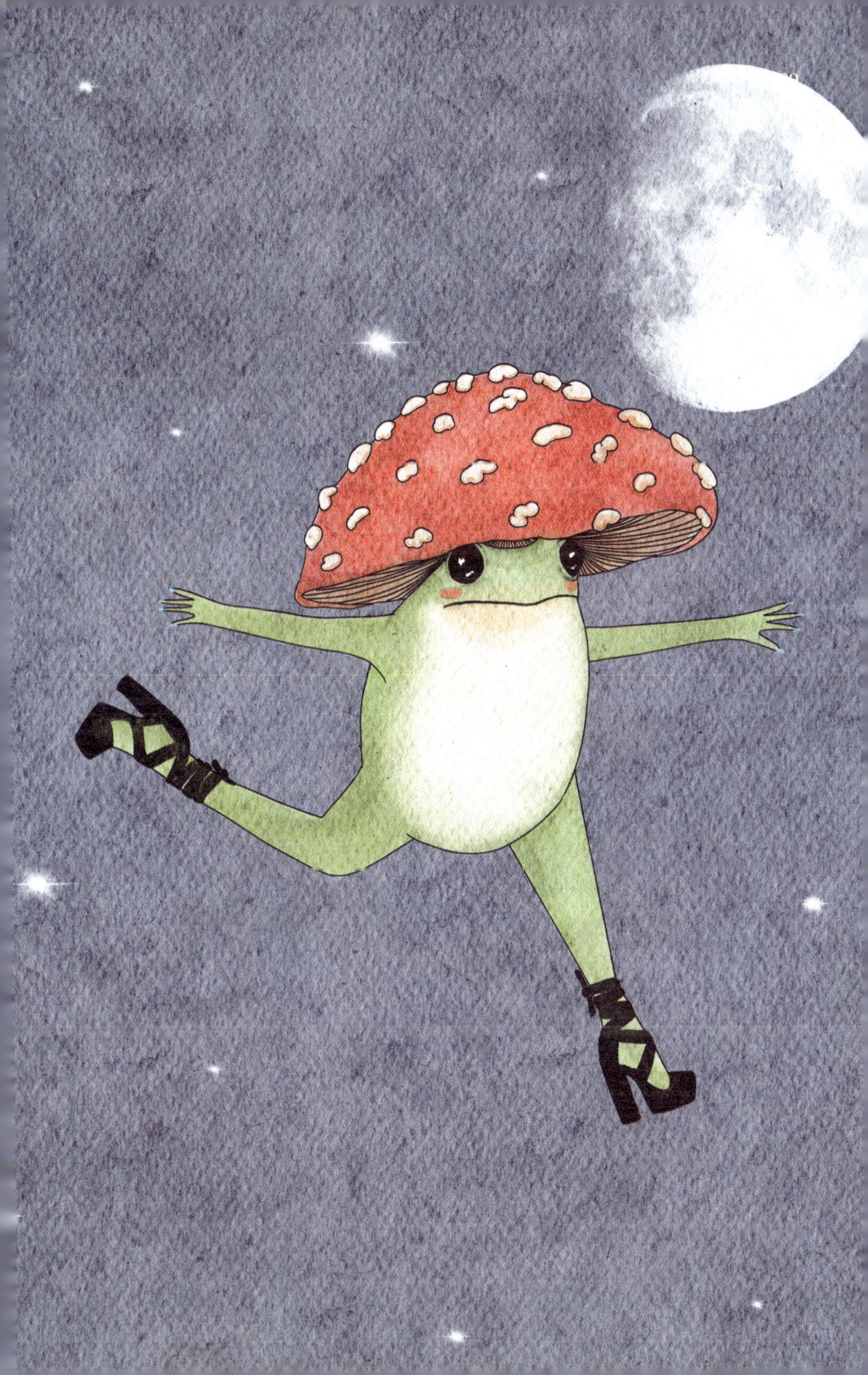

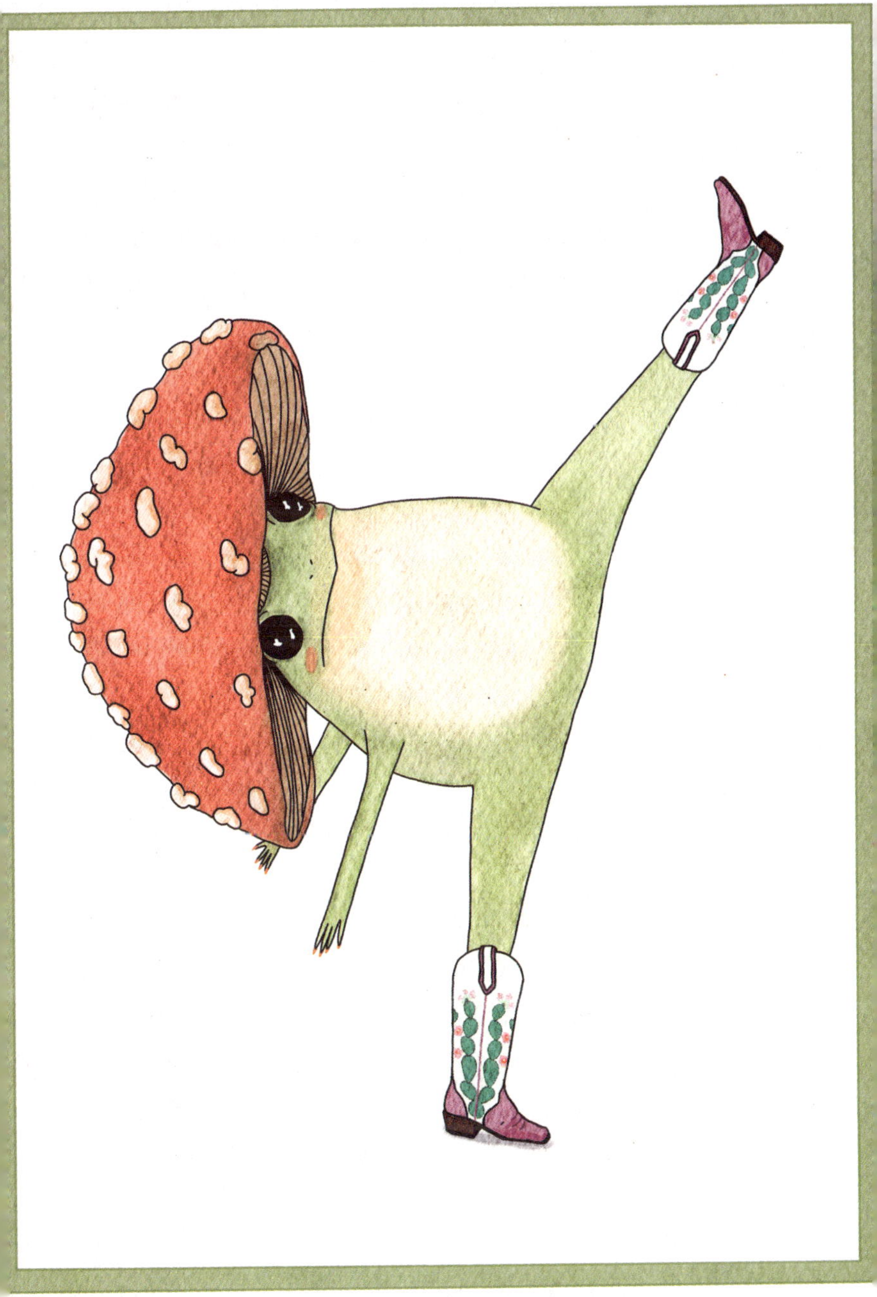

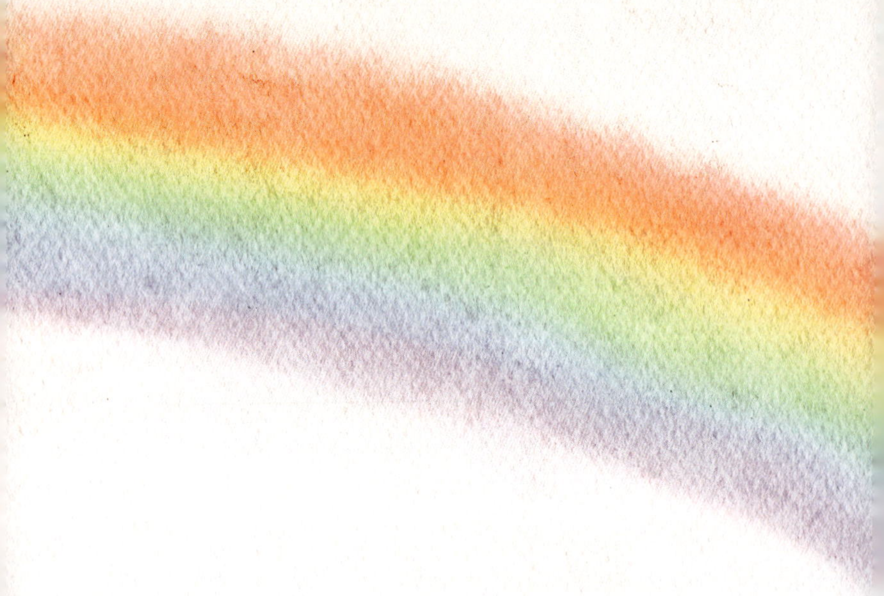

给你的"内在小孩"写一封信吧!

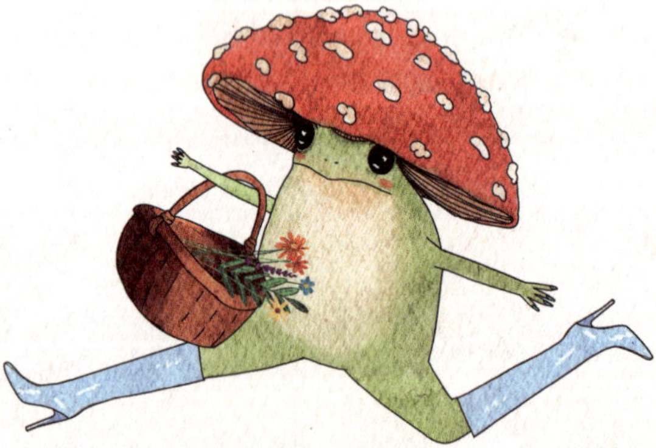